冒险岛
数学奇遇记64

分数与小数转换的奥秘

〔韩〕宋道树／著　〔韩〕徐正银／绘　张蓓丽／译

台海出版社

北京市版权局著作合同登记号：图字 01-2023-0097

图书在版编目（CIP）数据

冒险岛数学奇遇记.64, 分数与小数转换的奥秘 /
(韩) 宋道树著 ; (韩) 徐正银绘 ; 张蓓丽译. -- 北京 :
台海出版社, 2023.2（2023.11重印）

 ISBN 978-7-5168-3448-0

 Ⅰ.①冒… Ⅱ.①宋… ②徐… ③张… Ⅲ.①数学 –
少儿读物 Ⅳ.①O1-49

中国版本图书馆CIP数据核字（2022）第221779号

冒险岛数学奇遇记.64，分数与小数转换的奥秘

著　　者：〔韩〕宋道树	绘　　者：〔韩〕徐正银
译　　者：张蓓丽	

出版人：蔡　旭	策　　划：双螺旋童书馆
责任编辑：徐　玥	封面设计：刘馨蔓
策划编辑：唐　浒　李敏意	

出版发行：台海出版社
地　　址：北京市东城区景山东街20号　邮政编码：100009
电　　话：010-64041652（发行，邮购）
传　　真：010-84045799（总编室）
网　　址：www.taimeng.org.cn/thcbs/default.htm
E－mail：thcbs@126.com

经　　销：全国各地新华书店
印　　刷：固安兰星球彩色印刷有限公司
本书如有破损、缺页、装订错误，请与本社联系调换

开　　本：710毫米×960毫米	1/16
字　　数：186千字	印　　张：10.5
版　　次：2023年2月第1版	印　　次：2023年11月第2次印刷
书　　号：ISBN 978-7-5168-3448-0	

定　　价：35.00元

前言

《冒险岛数学奇遇记》第十三辑，希望通过综合篇进一步提高创造性思维能力和数学论述能力。

不知不觉，《冒险岛数学奇遇记》已经走过了 11 个年头。这都离不开各位读者的支持，尤其是家长朋友们不断的鼓励和建议。这期间，我也明白了什么是"一句简单明了的解析、一个需要思考的问题，能改变一个学生的未来"。在此，对一直以来支持我们的读者表示衷心的感谢。

在古代，"数学"被称为"算术"。"算术"当中的"算"字除了有"计算"的意思以外，还包含有"思考应该怎么做"的意思。换句话说，它与"怎么想的"，即"在这种情况下该怎么解决呢"里面"解决（问题）"的意思是差不多的。正因如此，数学可以说是一门训练"思维能力与方法"的学科。

小学五年级以上的学生应该按照领域或学年对小学课程中所涉及的数学知识点进行整理归纳，然后将它们牢牢记在自己的脑海里。如果你是初中学生，就应该把它当作一个查漏补缺、巩固基础的机会，将小学、初中所学的知识点贯穿起来，进行综合性的归纳整理。

俗话说"珍珠三斗，串起来才是宝贝"，意思是再怎么名贵的珍珠只有在串成项链或手链之后才能发挥出它的作用。若是想在众多的项链中找到你想要的那条，就更应该好好收纳整理。与此类似，只有在脑海当中对数学知识和解题经验有一个系统性的整理记忆，才能游刃有余地面对各种题型的考试。即便偶尔会犯一些小错误，也能立马就改正过来。

《冒险岛数学奇遇记》综合篇从第 61 册开始，主要在归纳整理数学知识与解题思路。由于图形、表格比文字更加方便记忆，所以从第 61 册开始本书将利用树形图、表格、图像等来加强各位小读者对知识点的记忆。

好了，现在让我们一起朝着数学的终点大步前进吧！

出场
人物

哆哆

"散伙饭"队的队长。为了能让饿着肚子的队员们都吃饱饭，找到了食物充足的"胖胖队"，以生命为赌注答应了胖斯顿的提议。

宝儿

注定将成为皇帝的少女。虽然打遍天下无敌手，但是为了救出德里奇，却碰到了难关，陷入了苦恼之中。

德里奇

神龙雇佣兵团的团长。被希拉构陷，关进了地下监狱，遭到尼科王子的洗脑攻击，要他杀了宝儿。

前情
回顾

你竟然还在装睡？
还不赶紧给我起来！

哆哆漂亮地回击了发禄二世，夺回了城堡。另一边，德里奇、宝儿、希拉前往猫之城见到了尼科王子。一心想创立黑魔法世界的希拉设计把德里奇关进了地下监狱，宝儿为了救出德里奇也进入了猫之城的地下监狱……

 ## 希拉

一心想要建立黑魔法世界的女巫，没想到自己召唤出的"黑魔法之神"却降临在了尼科王子身上，绝望过后只好去寻求宝儿的帮助。

玛尔

德里奇小时候的朋友。因希拉的魔法而奉尼科王子为主人，在尼科王子的阴谋中一直担心着德里奇。

尼科

猫之城的城主。差点就成了"黑魔法之神"的分身，在察觉到神的背叛之后，拼尽全力救出了德里奇和蟾蜍管家。

胖斯顿

心城最大的餐饮企业——胖胖集团的继承人，也是"胖胖队"的队长。为了使用血泪之星上特有的材料研发新菜单，跑来参加"国王之战"。

目录

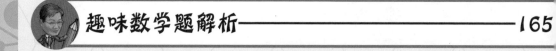

可是，怎么从刚才开始就没见着蟾蜍管家呢？

蟾蜍管家……

蟾蜍管家！

怒气

呃……

数量，是指不可再细分事物的数目与可再细分事物的大小分量的总称。

我是问她
在哪里的厕所！

您早这么问
不就行了……

她在地下监狱的厕所。

这下面的地下监狱？

是的，她为了救德里奇偷偷
从秘密入口进来了。总之，
没什么事儿是她做不到的。

正确
答案 ○（解析见第165页）

现在不是为这种小事儿费心的时候。

蟾蜍管家，我已经做好决定了！

我要让黑魔法之神附到我的身上！

您、您之前不是说它的意识非常危险，要等自己的魔力精进一点再附身的吗？

我改变想法了。

这么富丽堂皇的宫殿和……

值得信赖的奴隶，我都有了，还犹豫什么呢？

我已经够强大了。

这不可能吧……

那我就开始喽。

灯光关掉！

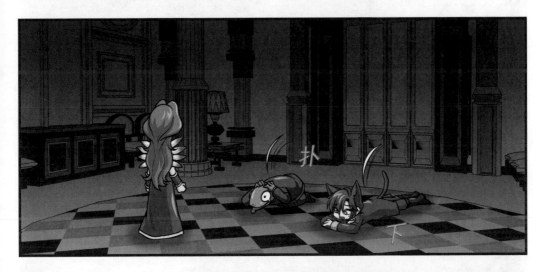

魔法阵设置！

③（解析见第165页）

怎么感觉没有
任何变化……

蟾蜍管家，我看起来
有什么不一样吗？

好像没有吧……

怎么会这样呢……

④（解析见第 165 页）

〇（解析见第165页）

抓住她！

遵命。

我竟然会死在这里……

1 分数与小数的综合理解（1）

领域	数与运算	能力	概念理解能力 / 理论应用能力

回想一下我们在日常生活当中接触过的各种物品，可以发现对于一整个物品，有的能细分成很多小块（部分），有的却不能。类似线、铁丝、纸张、年糕、水果、土地等都是可以细分成很多小块（部分）的；与此相反，像动物、汽车、碗等如果被细分成小块的话，就会丧失它们原本的功能，从而成为其他物品，所以这些就属于不可再细分（划分）的物品。

在事物的大小概念里，**无法再细分的事物的个数就是数目**，能够被不断细分的长度（包括高度、深度、宽度、距离、厚度、粗细等）、面积、体积、重量（质量）、时间等这类事物的大小就叫作分量，它们两个统称为数量。正因如此，我们就能知道数目与自然数（能数的数）密不可分，而分量则与分数或小数紧密相连。

古代的商人们在卖布匹的时候，都是裁剪成一度一度（tuǒ，成人两臂左右伸直的长度）来卖的，刚开始遇到有不足一度的布头常常会被当作赠品附送出去。然而，随着日子越来越不好过，于是这些布头也开始收钱了。如果布头的长度相当于一度的 $\frac{1}{2}$、$\frac{1}{3}$、$\frac{1}{4}$……的话，价格就为一度布料价格的 $\frac{1}{2}$、$\frac{1}{3}$、$\frac{1}{4}$……在这种情况下，比 1 小的分数 $\frac{1}{2}$、$\frac{1}{3}$、$\frac{1}{4}$……就诞生了。

在这之后，随着十进制的使用，人们将一度的长度分为了 10 等份，布头的价格就依照这个小长度定了下来，也就是一度价格的 $\frac{1}{10}$、$\frac{2}{10}$、$\frac{3}{10}$……$\frac{9}{10}$。如果分为 10 等份之后依旧需要再将余下的布头进行分割，就可以将十等份之一（一度的 $\frac{1}{10}$）的长度再次细分为 10 等份（一度的 $\frac{1}{100}$）来进行测量，依次类推，就可以将事物按需求划分为 $\frac{1}{10^n}$ 的长度来进行测量。也就是说，人们对精度的需求使分数得以出现。在学习分数的时候，一定不能忘记"将无法细分的一整个事物视为单位 1"这一前提。在对话当中，我们一定要清楚这个表示整体的单位 1 指代的是什么。举例来说，在对 A 的 $\frac{1}{2}$ 与 B 的 $\frac{1}{3}$ 进行比较的时候，若 A=B，那么 A 的 $\frac{1}{2}$ 肯定大一些；但是在 A 与 B 不相等的时候，就需要先分别计算出 $A \times \frac{1}{2}$ 与 $B \times \frac{1}{3}$ 才能再进行比较。

◆当把一个圆视作整体（单位 1）时：

   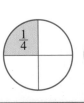

◆ 当把一个正方形视作整体（单位1）时：

 1

 $\frac{1}{2}$

$\frac{1}{3}$

$\frac{1}{4}$

$\frac{1}{10}$

$\frac{1}{100}$

当整体（单位1）分为 n 等份（平均分为 n 个部分）时，其中 1 份用分数表示为 $\frac{1}{n}$；m 份表示为 $\frac{m}{n}$，读作 " n 分之 m"。分数线（横线）下面的为分母，上面的为分子。

$$\frac{1}{n} \qquad \xleftarrow{\text{分子}\atop n\text{等分后的份数}} \xrightarrow{} \qquad \frac{m}{n}$$

分子
n等分后的份数

分数线

分母
表示n等份

分母 n 为比 1 大的自然数且分子为 1 的分数 $\frac{1}{n}$ 被称为单位分数。

分数 $\frac{m}{n}$ 等于 m 个 $\frac{1}{n}$ 相加的和，也等于 $\frac{1}{n}$ 与 m 的乘积。即，$\frac{m}{n} = \underbrace{\frac{1}{n} + \frac{1}{n} + \cdots\cdots + \frac{1}{n}}_{m \text{ 个 } \frac{1}{n}} = \frac{1}{n} \times m$。

问题1 能够表示 "把一个圆分为4等份后其中3份是多少" 的图是哪一幅？

① 　② 　③ 　④

解析 被等分的图只有图④，并且涂色部分有三份，所以答案为④。

问题2 右图中涂色部分为整个正方形的几分之几，请用分数表示。

分数：$\dfrac{(\quad\quad)}{(\quad\quad)}$

解析 整个正方形被分为 $10 \times 10 = 100$（等份），由于涂色部分的小正方形有73个，所以答案为 $\frac{73}{100}$。

问题1 若把正方形视为整体（单位1），请在（）里填入 >、=、< 中合适的一个。

（1）16等份中的13份（　　　）4等份中的3份。
（2）5等份中的2份（　　　）10等份中的4份。

解析 (1) 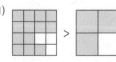 $\Rightarrow \frac{13}{16} > \frac{3}{4}$

(2)  $\Rightarrow \frac{2}{5} = \frac{4}{10}$

200

遇到困难的时候
就喊一声宝儿吧

起

对了，宝儿……

宝儿姑娘，
借我力量吧！

我好像听到有人在叫我来着……
说借力量还是什么的……

宝儿姑娘，
求你借我力量……

嘭

嘭

嘭

×（解析见第165页）

啊，终于完事儿了。

......

看来是被宝儿姑娘
给救走了！

她刚才去哪儿了？

这、这个嘛……

请在下列选项中找出所有与$\frac{2}{5}$相等的分数。

① $\frac{4}{10}$　② $\frac{266}{665}$　③ $\frac{33332}{83330}$　④ $\frac{80}{200}$　⑤ $\frac{222222}{555555}$

正确答案　①②③④⑤（解析见第 165 页）

我拉完便便啦！

我怎么会突然想起宝儿姑娘呢？

赶紧忘掉。宝儿姑娘现在已经不是我的对手了。

正确答案　④（解析见第 165 页）

好的。我是主人您的奴隶，您只管问吧。

你说话的时候能不能有点感情？

好的主人，有什么问题您问吧！

玛尔，见到我你会想到什么呢？

什么也没有想到。

生气

你认识这位少年吗?

我不认识。

她喝了希拉的魔法药水之后,竟然失去了记忆。

你好好看看他,有想到什么吗?

将 $\frac{2}{3}$ 写成分母不同的两个单位分数之和,应为 $\frac{1}{(\ )}+\frac{1}{(\ )}$。

好奇怪啊……

这个人好像在哪里见过。为什么会这样呢?

到底有没有见过这个人?

我记不清了。

 正确答案　2，6（解析见第166页）

你想好了再回答我！最后问你一次，有没有见过这个人？

生气

没……没见过。

实在是想不起来。

请您慢走，主人。

唑

恭敬

归纳整理数学教室

2 分数与小数的综合理解 (2)

| 领域 | 数与运算 | | 能力 | 概念理解能力/理论应用能力 |

自然数 m、n 构成的分数 $\frac{m}{n}$ 可以根据分子 m 与分母 n 的大小关系来进行分类。

从分数原本的意义来看，它表示的是将单位 1 分为 n 等份后其中所占的 m 份，所以分子 m 应该比分母 n 小或相等。可是，分数还可以用来表示两个数的比 $m : n$ 或除法运算 $m \div n$，因此 $\frac{m}{n}$ 就有了多个不同的含义。

分子比分母小的分数称为真分数，意思是"真正的分数"。与此相反，分子大于或等于分母的分数称为假分数。

4 个单位 1 与单位 1 分成 3 等份中的 2 份相加时，可用 "$4 + \frac{2}{3}$" 来表示。

这里可以省略掉 "+" 号，简写为 $4\frac{2}{3}$。这种表示"自然数与真分数之和"的分数，就是"旁边带有自然数的分数"，即带分数。带分数 $l\frac{m}{n}$ 读作 "l 又 n 分之 m"。

带分数中的分数部分一定是真分数。

[表1] 分数

	$\frac{m}{n}$	$0 < m < n$	真分数	$\frac{1}{3}$，$\frac{2}{3}$，$\frac{6}{7}$，$\frac{1}{10}$，$\frac{7}{10}$，$\frac{57}{100}$，$\frac{93}{10^2}$
分数	$\frac{m}{n}$	$0 < n \leq m$	假分数	$\frac{3}{2}$，$\frac{3}{3}$，$\frac{9}{7}$，$\frac{11}{10}$，$\frac{101}{99}$，$\frac{157}{100}$，$\frac{193}{10^2}$
	$l\frac{m}{n}$	l：自然数，$\frac{m}{n}$：真分数	带分数	$1\frac{1}{2}$，$5\frac{2}{3}$，$1\frac{6}{7}$，$3\frac{1}{10}$，$4\frac{57}{100}$，$1\frac{93}{10^2}$
	$\frac{1}{10^n}$	n：自然数	十进制分数	$\frac{1}{10}$，$\frac{1}{10^2} = \frac{1}{100}$，$\frac{1}{10^3} = \frac{1}{1000}$，……，$\frac{1}{10^n}$

问题1 下列选项中不是带分数的为（ ）。

① $1\frac{1}{4}$　　② $2\frac{2}{3}$　　③ $3\frac{4}{5}$　　④ $4\frac{5}{3}$

解析 带分数表示的是自然数与真分数之和。④中的分数部分为假分数，所以它不是带分数。由此可得，答案为④。

问题2 请将真分数中的"真"，假分数中的"假"，带分数中的"带"分别填入合适的（ ）中。

(1) $\frac{7}{5}$（ ）　　(2) $\frac{3}{4}$（ ）　　(3) $3\frac{2}{5}$（ ）　　(4) $\frac{5}{5}$（ ）

(5) $2\frac{3}{7}$（ ）　　(6) $\frac{103}{100}$（ ）　　(7) $10\frac{3}{10}$（ ）　　(8) $\frac{999}{1000}$（ ）

解析 （1）假　　（2）真　　（3）带　　（4）假　　（5）带　　（6）假　　（7）带　　（8）真

我们从 [表1] 可以看出，$\frac{1}{10}$、$\frac{1}{100}$、$\frac{1}{1000}$ 等这些分数可以根据十进制的原理把它们写成 $\frac{1}{10^n}$ 的形式（10 的 n 次方为 10^n）。

另外，分数 $\frac{1}{10}$ 可运用小数表示为 0.1。$\frac{3}{10}$ 就是 0.3，假分数 $\frac{23}{10}$ 就是 2.3。

像这样把自然数部分写在小数点左边，把小于1的十进制分数的分子部分写在右边的数叫作小数。

换句话说，小数就是十进制分数的另一种简单表现形式。请大家熟记下面的等式：

$$7 \times \frac{1}{10} + 3 \times \frac{1}{100} + 2 \times \frac{1}{1000} = \frac{7}{10} + \frac{3}{100} + \frac{2}{1000} = \frac{732}{1000}$$

$$7 \times 0.1 + 3 \times 0.01 + 2 \times 0.001 = 0.7 + 0.03 + 0.002 = 0.732$$

要是再来细分一下小数，那自然数部分为0的小数为纯小数，自然数部分不是0的小数是带小数，它们分别与分数的真分数和带分数相对应。

小数的有关内容都简要概括在［表2］里。

[表2] 小数

十进制的展开式	$2 \times 100 + 3 \times 10 + 4 \times 1 + 5 \times \frac{1}{10} + 6 \times \frac{1}{100} + 7 \times \frac{1}{1000}$		
	$2 \times 10^2 + 3 \times 10 + 4 \times 1 + 5 \times \frac{1}{10} + 6 \times \frac{1}{10^2} + 7 \times \frac{1}{10^3}$		
小数点的使用	自然数部分	小数点	小数部分
省略数位	2　3　4	.	5　6　7
读法	两百　三十　四	点	五　六　七

0.567 这种"小数点后有三位的数"简称为"三位小数"，"小数点后有几位数"简称为"几位小数"。

问题3 请将小数转化为真分数或带分数。

(1) 3.7　　　　(2) 0.13　　　　(3) 0.99　　　　(4) 1.001

解析 所求分数的分子为已知小数抹掉小数点后所得的数，分母为小数点后有几位数就在1后面加上几个0所得到的数。

（1）分子为37；由于小数点后只有一位数，所以分母为10。由此可得，答案为 $\frac{37}{10} \Rightarrow 3\frac{7}{10}$。

（2）分子为13，分母为100，所以答案为 $\frac{13}{100}$。　　　　（3）$\frac{99}{100}$。　　　　（4）$\frac{1001}{1000} \Rightarrow 1\frac{1}{1000}$。

问题4 请将分数转化为小数。

(1) $\frac{7}{10}$　　　　(2) $\frac{753}{100}$　　　　(3) $\frac{3}{4}$　　　　(4) $\frac{1}{3}$　　　　(5) $\frac{5}{37}$

解析 由于（1）和（2）为十进制分数，所以答案很快就能求出来。（1）0.7。（2）7.53。

（3）可以用 $3 \div 4$ 或 $\frac{3 \times 25}{4 \times 25} = \frac{75}{100}$ 来算出答案为0.75。

（4）与（5）不管怎么除也是除不尽的，这种"循环小数"我们后面会详细进行讲解。

（4）$\frac{1}{3} = 0.333\cdots$（循环节为3）。（5）$\frac{5}{37} = 0.135135\cdots$（循环节为135）。

201 宝儿与昆虫朋友们

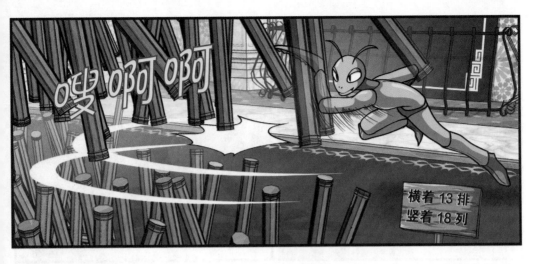

竖着18列
横着13排

竟然能在一瞬间就把这么多石柱都砍倒！

做得好！你砍倒了多少根石柱来着？

一共234根！

你是怎么能算得那么快的呢？

这都是小意思！

正确答案　×（解析见第166页）

为什么能算得
这么快！

您很好奇我们是怎么计算的
吧？那我就专门为尼科王子
殿下您来讲解一下我们用的
这个快速心算法！

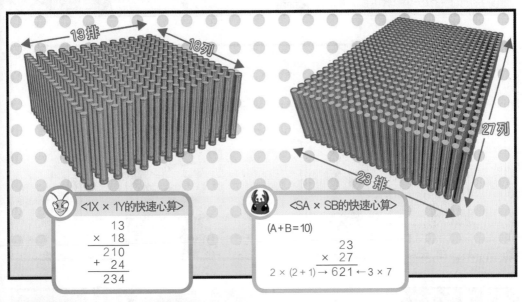

13排 18列

27列

23排

<1X × 1Y的快速心算>

```
      13
  ×   18
    210
  +  24
    234
```

<SA × SB的快速心算>

(A+B=10)

```
        23
    ×   27
2 × (2+1) → 621 ← 3 × 7
```

运用上面这种"快速乘
法心算法"就能很快地
计算出答案了！

原来你们不仅力大无
穷，连计算能力都这么
优秀啊！你们还有什么
别的能耐没有？

我的能力是毒针。一滴毒液就能让 120 头大象即沾即死 *，这剧毒就是我的骄傲。

你的毒液是剧毒又有什么用？打虫药一喷，你就跟跟跄跄飞都飞不起来了……

*即死：立刻死亡。

*音速：声音在空气中传播的速度。

我的速度比音速 * 都快。你之所以会晚一点听到破空的声音也正是这个原因。

果然如此！

第201章-2
选择题

下列选项中不属于带分数的是（ ）。
① $2\frac{1}{4}$　② $1\frac{2}{3}$　③ $100\frac{4}{5}$　④ $33\frac{1}{33}$　⑤ $33\frac{5}{4}$

还请您将猎杀对象
告诉我们。

这对象不好对付呀。

你是怎么知道的？

看她的眼睛就知道了。
她的眼神这么……空，
没有任何想法。

⑤（解析见第166页）

这种人非常强大。

但是依旧不是我们的对手。

那我就交给你们了。

昆虫兄弟！
去吧，去地下监狱！

一歩
一歩

下列选项中不是"三位小数"的是（　　）。

① 1.234　　② 0.0123　　③ 4.321　　④ 0.432　　⑤ 0.001

②（解析见第166页）

正确
答案

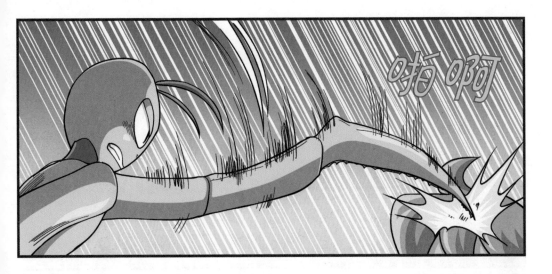

*硬度：指物体坚硬的程度。

连石头都能腐蚀的
酸性口水……

这是在吐口水玩吗？现
在轮到我了吧。

正确答案　1234（解析见第166页）

3 约数与倍数的知识概要

| 领域 | 数与运算 | 能力 | 概念理解能力／理论应用能力 |

自然数 12 可以用 1×12、2×6、3×4 这种"两个自然数的乘积"来表示。这里两个数的乘积中所用到的 1、2、3、4、6、12 就是 12 的约数。也就是说，自然数 A 能被某个数整除，那么这个数就是 A 的约数。

对于自然数 A 来说，因为 $A \div 1 = A$、$A \div A = 1$，所以 A 的约数必然包括 1 及其本身。

要想把 A 的约数全部都找齐，就要从小到大把 2、3、5、7……都除一遍。（参考：虽然后续有所变动，但 2、3、5、7……是按质数的大小顺序排列的。）

问题1 请找出下列各数的所有约数。

(1) 6 　　　(2) 8 　　　(3) 12 　　　　(4) 30

解析 (1) 1、2、3、6。　(2) 1、2、4、8。　(3) 1、2、3、4、6、12。　(4) 1、2、3、5、6、10、15、30。

现有自然数 m、n、A，若 $A = m \times n$，那么 A 称为 m 或 n 的倍数。

因为 $A = 1 \times A = A \times 1$，所以自然数 A 既是 1 的倍数也是其本身的倍数。约数与倍数综合概括起来如下所示：

> 对于自然数 m、n、A 来说，若 $A = m \times n$，则 m 和 n 为 A 的约数，A 为 m、n 的倍数。

如果是较小的自然数，那要找出它所有的约数并不困难。可是，对于大一点的自然数来说，有时候要找出一个约数都很难。为了能顺利解决这一问题，我们把能够快速判定某个数是否为 2、3、4、5、6、7、8、9、10、11、12、13 的倍数的方法整理汇总在下面的［表1］里。

［表1］2、3、4……12、13的倍数的判定方法

2的倍数	一个数的个位数为偶数0、2、4、6、8	3的倍数	一个数所有数位上的数字之和为3的倍数
4的倍数	一个数的末两位数为4的倍数	5的倍数	个位数为0或5的数
6的倍数	一个数既是2的倍数也是3的倍数	8的倍数	一个数的末三位数为8的倍数
9的倍数	一个数所有数位上的数字之和为9的倍数	10的倍数	个位数为0的数
		12的倍数	一个数既是3的倍数也是4的倍数
7、11、13的倍数	这里需要运用到 $7 \times 11 \times 13 = 1001$。把这个数从个位数开始每三位一断开，并将 +、− 这两个符号按顺序交叉加到断开后所得的数之前，然后运算求值。如果所得之值为7的倍数或为0，那么这个数就是7的倍数；所得之值为11的倍数或为0，那么这个数就是11的倍数；所得之值为13的倍数或为0，那么这个数就是13的倍数。		

问题2 A 为一个有14位数的自然数23456789123313，请判断 A 是3的倍数还是9的倍数，再判定它是7、11、13中哪个的倍数。

14个数位上所有数字之和为57，由此可得A为3的倍数，但不是9的倍数。我们把这个数从个位数开始三位一截，并将截断后所得的数按顺序交叉添加上+、−再进行运算，则可得+313−123+789−456+23=546。546虽然是7、13的倍数但却不是11的倍数。由此可得，A为7、13的倍数，且不是11的倍数。

有A与B两个自然数，如果某个数既是A的约数也是B的约数，那么这个数就是A与B的公约数。而且，A与B的公约数中最大的那个数叫作A与B的最大公约数。另外，如果一个数既是A的倍数又是B的倍数，那么这个数就是A与B的公倍数，其中最小的那个数叫作A与B的最小公倍数。

下面我们来学习在已知两个自然数A与B的情况下，如何运用短除法求出A与B的最大公约数G和最小公倍数L。

假设A=60、B=36，由于这两个数都是偶数，那就先除以2，除到除不尽为止。然后，我们来试试3，发现剩下的数可以被3整除。当公约数只剩下1的时候，就可以不再除下去了。如右图所示，将图中左侧的这些公约数相乘，$2×2×3$=12，这就是60与36的最大公约数G了。因为G=12，则A=60=$5×12$=$5×G$，B=36=$3×12$=$3×G$，用G乘之前除法运算后所得的5和3，可求出最小公倍数L的值，即L=$G×5×3$=180。

$$
\begin{array}{r|rr}
2 & 60 & 36 \\
2 & 30 & 18 \\
3 & 15 & 9 \\
\hline
 & 5 & 3
\end{array}
\quad G = 2×2×3 = 12
$$
$$L = G × 5 × 3 = 180$$

问题3 请运用短除法求出下列各小题中A与B的最大公约数G和最小公倍数L。

(1)A=42，B=30 　　(2)A=90，B=54 　　(3)A=98，B=56

(1)
$$
\begin{array}{r|rr}
2 & 42 & 30 \\
3 & 21 & 15 \\
\hline
 & 7 & 5
\end{array}
\quad \begin{array}{l} G=6 \\ L=210 \end{array}
$$

(2)
$$
\begin{array}{r|rr}
2 & 90 & 54 \\
3 & 45 & 27 \\
3 & 15 & 9 \\
\hline
 & 5 & 3
\end{array}
\quad \begin{array}{l} G=18 \\ L=270 \end{array}
$$

(3)
$$
\begin{array}{r|rr}
2 & 98 & 56 \\
7 & 49 & 28 \\
\hline
 & 7 & 4
\end{array}
\quad \begin{array}{l} G=14 \\ L=392 \end{array}
$$

短除法也可用于求三个自然数A、B、C的最大公约数和最小公倍数。

三个数的最大公约数就是先用短除法找出这三个数的共同因数，再求出它们的乘积即可。可是，我们在求三个数的最小公倍数时，不需要像求出最大公约数那样同时被这三个数所除，只要其中两个数有不为1的公约数，就可以先用这两个数除以这个公约数。当然在这个过程中要保持剩下的第三个数不变，然后再进入下一轮除法运算。

问题4 请用短除法求出下列各小题中A、B、C的最大公约数G和最小公倍数L。

(1)A=150，B=90，C=60 　　(2)A=900，B=216，C=120

(1)
$$
\begin{array}{r|rrr}
10 & 150 & 90 & 60 \\
3 & 15 & 9 & 6 \\
\hline
 & 5 & 3 & 2
\end{array}
$$
$$G = 10 × 3 = 30$$
$$L = G × 5 × 3 × 2 = 900$$

(2)
$$
\begin{array}{r|rrr}
4 & 900 & 216 & 120 \\
3 & 225 & 54 & 30 \\
5 & 75 & 18 & 10 \\
3 & 15 & 18 & 2 \\
2 & 5 & 6 & 2 \\
\hline
 & 5 & 3 & 1
\end{array}
$$
$$G = 4 × 3 = 12$$
$$L = G × 30 × 15 = 5400$$

202 黑魔法十二魔

德里奇。

这是黑魔法里法力最强的魔法阵！宝儿小姐你再怎么厉害，走进去了也是死路一条！

顿住

嘿哈哈哈……天下无敌的宝儿姑娘看来也没有办法了，不得不停下来啊。

尼科王子殿下，你还是收手吧。我做不到眼睁睁看着你欺负德里奇。这件事情我是不会原谅你的！

生气

宝儿姑娘，现在我知道你的弱点是什么了！

昆虫兄弟里的大哥曾说过的一句话倒是给了我提示。

看她的眼睛就知道了。她的眼神这么……空，没有任何想法。这种人非常强大。

*源泉：比喻事物发生的根源。

那就是你力量的源泉*。所以，当我把德里奇的性命和你自己的放在天平两端时，你的脑子就变得复杂起来。于是，你不再是那个天下无敌的宝儿姑娘了！

×（解析见第166页）

正确答案

你的弱点就是德里奇！

德里奇！

求求你千万别过来！

德里奇！

嗒嗒嗒

踏！

呀吼！踩进来了！

啪

惊

我终于把宝儿打败了!

那个命中注定要成为魔法界皇帝的宝儿……

下列选项中哪个不是 9 的倍数?

① 123123　　② 1233　　③ 666666　　④ 555552　　⑤ 44442

咚
咚

这是怎么回事儿？
宝儿去哪里了？

交换魔法啊，这是。

嘻
嘻

之前是在宝儿的帮助下，我才能瞬间移动。谁叫我是个不喜欢欠别人人情的人呢。

可恶至极！

正确答案　①（解析见第166页）

你又是什么?
希拉哪里去了?

交换魔法啊,
这是……

怎么会这样！煮熟的鸭子竟然就这样飞了……

还好，德里奇这个宝儿唯一的弱点还在我手上！

我为什么会没有力气了？难道是因为太过生气才这样的？

摔倒

黑魔法之神，您不是已经融入了我的身体吗？

嘻嘻

不对。

您不是说我就是您的分身吗？

正确答案

③（解析见第166页）

A 和 B 两个数（$A < B$）都比 50 大，且这两个数的最大公约数为 30，$A \times B = 5400$。$A = （\quad）$，$B = （\quad）$。

啪啊啊啊

空

你干什么!

幸好我的生命力还剩了一点点，还能用它们来施展我最后的魔法，把这两个家伙送得远远的。

你、你这个家伙！

正确答案

60，90（解析见第167页）

我谁都不怨……只怪自己
愚蠢得可笑……

不过，黑魔法之神，这个
世界不会如你所愿的……

这片土地上有
宝儿姑娘……

沙嘶嘶

尽情地践踏
这片土地吧！

归纳整理数学教室

4 分数的约分与通分

| 领域 | 数与运算 | 能力 | 概念理解能力/理论应用能力 |

如果将分数 $\frac{1}{5}$ 的分母与分子同时乘 2 和 3，并将所得之数 $\frac{1\times2}{5\times2}=\frac{2}{10}$ 与 $\frac{1\times3}{5\times3}=\frac{3}{15}$ 用图形来表示的话，则如下所示：

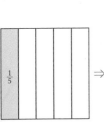

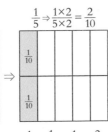

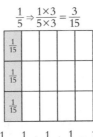

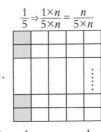

分母与分子同时乘 n 就相当于将图形宽的长度平分为 n 等份。

$$\frac{1}{5}$$

$$\frac{1}{5}=\frac{1}{10}+\frac{1}{10}=\frac{2}{10}$$

$$\frac{1}{5}=\frac{1}{15}+\frac{1}{15}+\frac{1}{15}=\frac{3}{15}$$

$$\frac{1}{5}=\frac{1}{5\times n}+\cdots\cdots+\frac{1}{5\times n}=\frac{n}{5\times n}$$

相对于单位 1 来说，将 $\frac{1}{5}$ 的分子与分母同时乘 2、3、4、5……，分数的大小不变。也就是说，$\frac{1}{5}=\frac{2}{10}$ 与 $\frac{3}{15}=\frac{4}{20}$ 这两个式子表示的性质可以简要概括如下：

> 分数的分母和分子同时乘一个不为 0 的数，分数的大小不变。
> 【参考】"大小相等的分数"也被称为等值分数。

问题1 与 $\frac{3}{4}$ 大小相等的分数是（　）。

①$\frac{35}{40}$　　②$\frac{11}{12}$　　③$\frac{10}{16}$　　④$\frac{21}{28}$　　⑤$\frac{5}{3}$

解析 因为 $\frac{21}{28}=\frac{3\times7}{4\times7}$，所以可得答案为④。其余几个选项中分数的大小都与 $\frac{3}{4}$ 不相等。

在分数 $\frac{12}{18}$ 当中，3 为分母与分子的公约数。将分母与分子同时除以这个公约数 3，可得 $\frac{12\div3}{18\div3}=\frac{4}{6}$，于是 $\frac{4}{6}$ 和 $\frac{12}{18}$ 这两个分数的大小相等。这一性质可简要概括如下：

> 分数的分母和分子同时除以它们的公约数，分数的大小不变。
> 分数的分母和分子同时除以它们的公约数，化成更为简单的分数，这一过程叫作约分。

这里如果除的是分母与分子的最大公约数的话，所得到的就是最简分数，这种分数也叫作既约分数。既约分数，其分母与分子的公约数当然就只有 1 了。

若两个数的公约数只有 1，那么我们就称"这两个数是互质数"。对于互质的两个数来说，其最大公约数为 1 且最小公倍数为这两个数的乘积。

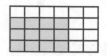

问题2 这是一幅由24块瓷砖贴成的图案，其中绿色瓷砖有12块，白色瓷砖也是12块。绿色瓷砖的数量如果用分数来表示的话就是 $\frac{12}{24}$，请在图案中找出大小与这个分数相等的分数，并标出来。

解析

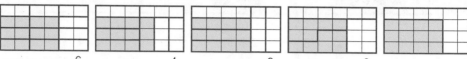

两块为一组 → $\frac{6}{12}$　　三块为一组 → $\frac{4}{8}$　　四块为一组 → $\frac{3}{6}$　　六块为一组 → $\frac{2}{4}$　　十二块为一组 → $\frac{1}{2}$

由此可得，$\frac{12}{24} = \frac{6}{12} = \frac{4}{8} = \frac{3}{6} = \frac{2}{4} = \frac{1}{2}$，即 $\frac{12}{24}$、$\frac{6}{12}$、$\frac{4}{8}$、$\frac{3}{6}$、$\frac{2}{4}$、$\frac{1}{2}$ 的大小都是相等的。

问题2 请找出是互质数的选项。

①{6，8}　　　②{7，36}　　　③{3，459}　　　④{13，65}　　　⑤{30，77}

解析 我们可以知道选项①中的6与8的公约数为2，选项③中的公约数为3，选项④中的公约数为13。选项②与选项⑤的公约数只有1，也就是它们为互质数。由此可得，答案为②⑤。

　　分母相同的分数在比较大小的时候，只需要比较一下分子的大小就能立刻得出答案。可是，要比较类似 $\frac{8}{15}$ 与 $\frac{11}{20}$ 这种分母不相同的分数大小，由于分母不同，很难立刻得出答案。遇到这种情况的时候，就需要将两个分数的分母化成相同的分母后再进行比较。我们先把分母15与20的公倍数60作为这两个分数转化后的分数的分母，转化后再来比较分子的大小。

$$\frac{8}{15} = \frac{32}{60}，\quad \frac{11}{20} = \frac{33}{60} \quad \Rightarrow \quad \frac{8}{15} < \frac{11}{20}$$

　　把几个分母不同的分数化成相同分母的分数就叫作通分。这几个不同分母的公倍数就叫作公分母，而它们的最小公倍数就是最小公分母。

　　我们在比较两个分数 $\frac{B}{A}$ 与 $\frac{D}{C}$ 的大小时，没有必要通分到最小公分母。一般都是把两个分母的乘积作为公分母来进行通分，然后再去比较 $\frac{B \times C}{A \times C}$、$\frac{A \times D}{A \times C}$ 的大小。

问题2 请比较 $A = \frac{123456788}{123456789}$ 与 $B = \frac{123456787}{123456788}$ 的大小。

解析 假设123456788=n，则 $A = \frac{n}{n+1}$，$B = \frac{n-1}{n}$。

经过通分之后可得 $A = \frac{n \times n}{(n+1) \times n}$，$B = \frac{(n+1) \times (n-1)}{(n+1) \times n} = \frac{(n \times n) - 1}{(n+1) \times n}$，由此可得 $A > B$。

　　我们实际在比较分数大小的时候，也可以先运用除法将分数转化为小数后再进行比较，而且这个方法在多数时候都会比通分后再比较来得更为简便。

[例] 因为 $\frac{8}{15} = 0.5333\cdots\cdots$，$\frac{11}{20} = 0.55$，所以可得 $\frac{8}{15} < \frac{11}{20}$。

从现在开始，我们要重新分工。

我们分为打猎组、采集组、家务组这三个组。

打猎组负责打猎和钓鱼，采集*组负责采果子和蘑菇，家务组负责家务劳动。

*采集：指从自然界中采摘和收集东西。

$\frac{0}{3}$ 等于 0。

认真

哎哟喂……
腰好疼啊！

（解析见第167页）

正确
答案

和怪兽战斗时都没这么累……

一步
一步

我要吃饭!

我饿了!

饭还没做好吗?

这群家伙……

现在饭都还没做好,你是一直在玩吗?

谁玩儿了？我也是一整天屁股都没落座好吗！

你是做少了累活儿才说得出这种话……

我们先吃饭吧，吃完再聊……

你们实在是太过分了！

嗯咽嗯咽

呜呜

呜

呜

队长生气了。

我们也知道你很辛苦！

有机会给他雇几个保姆吧。

正确答案　⑤（解析见第167页）

虽然我很理解你们，但是有什么办法呢？只能忍着吃下去了。

也不是没有办法。

在距离我们这儿4千米远的古城*里有一支队伍，叫作"胖胖队"！

主人！

*古城：很久以前建造的城池。

胖胖队的话，莫非是胖胖集团的……

没错，心城最大的餐饮企业！

下列选项中哪一对分数的大小是相等的?

① $\left\{\dfrac{2}{2}, \dfrac{3}{3}\right\}$ ② $\left\{\dfrac{1}{2}, \dfrac{1}{3}\right\}$ ③ $\left\{\dfrac{7}{4}, 2\dfrac{1}{4}\right\}$ ④ $\left\{\dfrac{5}{3}, \dfrac{5}{4}\right\}$ ⑤ $\left\{3\dfrac{1}{3}, 2\dfrac{2}{3}\right\}$

别的队伍可不这么认为吧……肯定都想入侵胖胖队将他们收入囊中。

说得没错。

显然胖胖队也知道这个道理，于是他们开启了最强的防御力度。听说能让他们在任何队伍的进攻下都完好无损。

话说回来，你为什么突然提到胖胖队啊？

还能是为什么？当然是因为我们打算去收服他们啊。

正确答案　①（解析见第167页）

你开玩笑呢？不是说他们有着任何队伍都无法入侵的最强防御力度吗？

可是哆哆你能做得到！

因为你是会戴上冠军皇冠的主人公！

没错，让我们收服胖胖队，尽情享受那些美食吧！

给我闭嘴！

暴怒

尴尬

你们做什么春秋大梦呢，啧！

收服他们是不可能的……

不过可以试着去乞讨一番。

乞讨？

就是一脸可怜的表情去找他们要一点剩菜剩饭，或者是面包渣之类的。

哎，行了！我们又不是什么食物残渣垃圾桶！

闪闪

闪闪

用一个分数的分母和分子的最大公约数将这个分数进行约分后得到的是（　　　　）。

准备好了，队长！

很好，后天早上就出发。

为什么不是明天早上就出发呢？

你这人怎么这么没有想法啊……

明天饿一整天之后，才能空着肚子去吃更多的东西啊！

哦，对哦！那我们就等到后天早上吧。

正确答案

最简分数（解析见第 167 页）

马上就要到了。大家都尽全力做出可怜的表情来！

可怜　可怜　可怜

惊

运用图像、树形图、表格理解记忆

5

分数与小数的运算综述

领域 数与运算　　能力 数理计算能力 / 理论应用能力

下面我们就按分数运算、小数运算以及分数与小数混合运算的顺序来了解一下它们的运算法则吧。

<分数的运算法则>

◆两个分数 $\frac{B}{A}$、$\frac{C}{D}$ 的加、减法运算需要先通分再计算。

（例）$\frac{5}{6} + \frac{7}{9} = \frac{5\times3}{18} + \frac{7\times2}{18} = \frac{29}{18} = 1\frac{11}{18}$，$\frac{5}{12} - \frac{3}{15} = \frac{5\times5-3\times4}{60} = \frac{13}{60}$

（在求两个分母的最小公倍数比较困难或复杂的情况下，公分母就为两个分母的乘积。）

（例）$\frac{5}{6} + \frac{7}{9} = \frac{5\times9}{6\times9} + \frac{6\times7}{6\times9} = \frac{45+42}{54} = \frac{87}{54} = 1 + \frac{33}{54} = 1 + \frac{11}{18} = 1\frac{11}{18}$

（例）$\frac{8}{221} - \frac{5}{143} = \frac{8\times143-5\times221}{221\times143} = \frac{1144-1105}{221\times143} = \frac{39}{221\times143} = \frac{3\times13}{221\times11\times13} = \frac{3}{2431}$

◆带分数在加、减运算中，要先化为假分数，运算结束再将结果化为带分数。

（例）$2\frac{5}{6} + 1\frac{7}{9} = 3 + \frac{5\times9}{6\times9} + \frac{6\times7}{6\times9} = 3 + \frac{45+42}{54} = 3 + \frac{87}{54} = 3+1+\frac{33}{54} = 4 + \frac{11}{18} = 4\frac{11}{18}$

◆两个分数 $\frac{A}{B}$、$\frac{C}{D}$ 的乘法运算，分母、分子分别相乘，即 $\frac{A}{B} \times \frac{C}{D} = \frac{A\times C}{B\times D}$。

（例）$\frac{5}{6} \times \frac{3}{4} = \frac{5\times3}{6\times4} = \frac{5\times3}{2\times3\times4} = \frac{5}{8}$，$\frac{111}{121} \times \frac{143}{259} = \frac{37\times3}{11\times11} \times \frac{11\times13}{37\times7} = \frac{39}{77}$

◆计算 $\frac{A}{B} \div \frac{C}{D}$，要先求除数 $\frac{C}{D}$ 的倒数，再与被除数相乘，即 $\frac{A}{B} \times \frac{D}{C} = \frac{A\times D}{B\times C}$。

另外，$\frac{A}{B} \div C = \frac{A}{B} \times \frac{1}{C} = \frac{A}{B\times C}$ 且 $\frac{A}{B} \div \frac{1}{D} = \frac{A}{B} \times D = \frac{A\times D}{B}$。

（乘积是1的两个数互为倒数。a 与 $\frac{1}{a}$ 互为倒数，$\frac{b}{a}$ 与 $\frac{a}{b}$ 也互为倒数。）

（例）$\frac{5}{6} \div \frac{3}{4} = \frac{5}{6} \times \frac{4}{3} = \frac{5\times4}{2\times3\times3} = \frac{5\times2}{3\times3} = \frac{10}{9} = 1\frac{1}{9}$，$\frac{5}{6} \div \frac{1}{3} = \frac{5}{6} \times 3 = \frac{5}{2} = 2\frac{1}{2}$

◆带分数在进行乘、除法运算的时候要先转化为假分数，再进行运算。

（例）$8\frac{1}{6} \div 1\frac{3}{4} = \frac{49}{6} \times \frac{4}{7} = \frac{7\times7\times4}{2\times3\times7} = \frac{7\times2}{3} = \frac{14}{3} = 4\frac{2}{3}$

◆分数运算结束后，得数必须要化为最简分数。

（在计算过程中的假分数无须转化为带分数，直接计算会更为方便。）

<小数的运算法则>

◆在运用竖式进行小数加、减法运算的时候要先将小数点对齐。

（小数点对齐了，各个数位自然也就上下对齐了。）

（例）
```
  0.678        0.678        25.61        25.61
+ 0.5425      - 0.5425      +  7.84       -  7.84
 1.2205        0.1355        33.45        17.77
```

◆在两个小数的乘法运算中，先假设没有小数点，运用整数乘法法则计算出乘积，再看"这两个小数的小数点后一共有几位数"，就从乘积的右边起数几位来点上小数点。

（例）$0.67 \times 0.8 = 67 \times \frac{1}{100} \times 8 \times \frac{1}{10} = 536 \times \frac{1}{1000} = 0.536$（小数点后三位数）

（例）$1.672 \times 23.8 = 1672 \times \frac{1}{1000} \times 238 \times \frac{1}{10} = 397936 \times \frac{1}{10000} = 39.7936$（小数点后四位数）

◆在"小数÷自然数"的除法运算中，小数点的位置不变，按照整数的除法法则来进行计算。

（例）$0.67 \div 8 = 0.08375$，$20.674 \div 8 = 2.58425$

◆在"小数÷小数"的除法运算中，先看除数的小数点后有几位数，然后把除数与被除数的小数点都向右移动相同的位数，转化为"小数÷自然数"的形式再进行除法运算。

（例）$0.672 \div 0.08 = 67.2 \div 8 = 8.4$，$67.2 \div 0.00016 = 6720000 \div 16 = 420000$

<分数与小数的混合运算法则>

◆在分数与小数的混合运算中，通常会将小数转化为分数后进行计算。

（这是因为有一部分分数无法化成小数点后小数个数有限的小数。）

（例）$0.4 + \frac{1}{3} = \frac{2}{5} + \frac{1}{3} = \frac{11}{15}$，$0.3 \times 2\frac{1}{4} - \frac{1}{3} = \frac{3}{10} \times \frac{9}{4} - \frac{1}{3} = \frac{27}{40} - \frac{1}{3} = \frac{81-40}{120} = \frac{41}{120}$

【参考】当分母的约数为2、5或这两数的乘方时，分数能化为小数点后小数个数有限的小数。

$$\frac{1}{3} = 0.333\cdots\cdots = 0.\dot{3}, \quad \frac{1}{7} = 0.142857142857\cdots\cdots = 0.\dot{1}4285\dot{7}$$

◆一个n位小数$0.A_1A_2\cdots\cdots A_n$可以化成一个分子为自然数$A_1A_2\cdots\cdots A_n$且分母为"10^n"的分数。

（例）$0.abcde = \frac{abcde}{100000}$，$0.007 = \frac{7}{1000}$，$31.415 = 31 + 0.415 = 31 + \frac{415}{1000} = 31\frac{83}{200}$

◆小数的分类如右表所示：

$$小数 \begin{cases} 有限小数 \longrightarrow 有理数 \\ 无限小数 \begin{cases} 循环小数 \longrightarrow 有理数 \\ 无限不循环小数 \longrightarrow 无理数 \end{cases} \end{cases}$$

问题1 "小数点后小数个数有限的小数"被称为有限小数，而小数部分无穷尽的小数被称为"无限小数"。请用 $\frac{1}{2^3}$、$\frac{1}{5^2}$、$\frac{1}{2^3 \times 5^2}$ 来解释说明，为什么当分数的分母有2、5或这两个数的乘方作为约数时，它们能化成有限小数。

解析 正如 $\frac{1}{2^3} = \frac{5^3}{2^3 \times 5^3} = \frac{125}{10^3} = \frac{125}{1000} = 0.125$，$\frac{1}{5^2} = \frac{2^2}{2^2 \times 5^2} = \frac{4}{100} = 0.04$，$\frac{1}{2^3 \times 5^2} = \frac{5}{2^3 \times 5^2 \times 5} = \frac{5}{1000} = 0.005$

所示，这几个分数在乘某个数后可以把分母化为10的乘方。只要最简分数分母的约数有质数3、7、11、13、17……中的一个，那么这个分数化成小数后就是不断重复一节数字的循环小数。

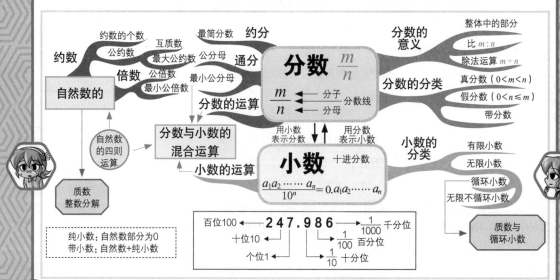

《冒险岛数学奇遇记64》思维导图

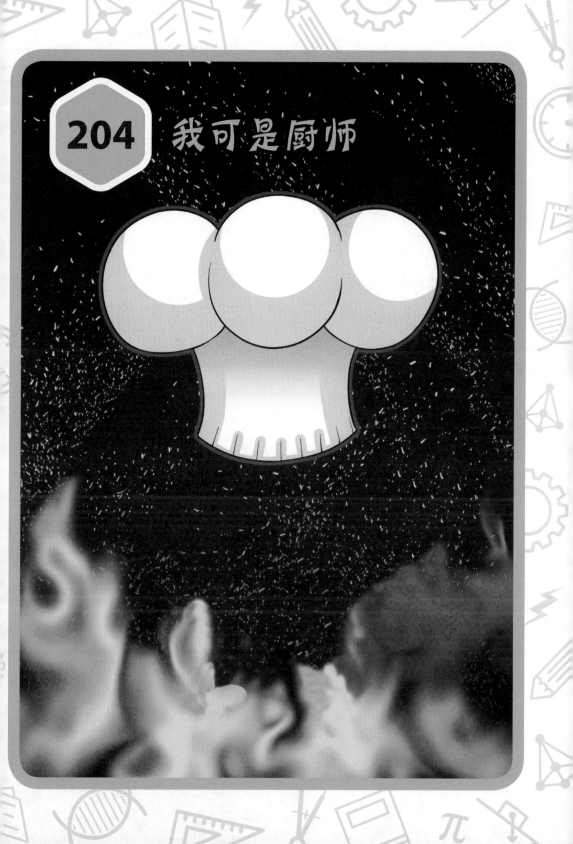

我的天哪……

这么强大的一个对手是我们七个人能够收服的?

真跑到这里一看，好像……不是的。

收服不了只能乞讨了，队长这话十分正确。

好像乞讨都行不通了。

为什么？那可是我们唯一的希望……

嗯，我们试着想一下。

第204章-1
判断题

$\frac{4}{5} \div \frac{8}{15}$ 所得结果与 $\frac{4}{5} \times \frac{15}{8}$ 所得结果相等。

第204章　139

我们是来见你们队长的……

见我们队长干什么？

如果你们有剩菜剩饭的话，能不能分一点给我们……

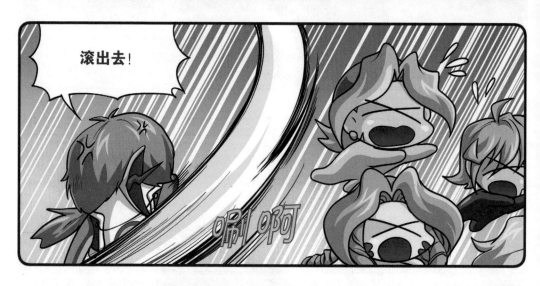

滚出去！

呜啊！呜啊

要乞讨的话，首先得能见到他们队长，现在看起来，能不能见到他都是个问题。

说的也是。

不过现在就垂头丧气，也为时过早。因为乞丐是不会还没开始就放弃的……

正确答案　○（解析见第 167 页）

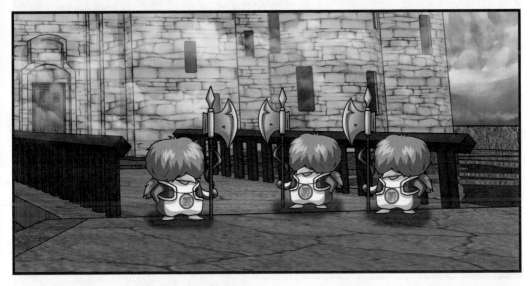

下列哪个分数是有限小数?

① $\frac{1}{40}$　② $\frac{1}{30}$　③ $\frac{1}{15}$　④ $\frac{1}{14}$　⑤ $\frac{1}{12}$

① （解析见第 167 页）

第204章-3
选择题

计算 $0.98 \div 3\frac{1}{3} \times \frac{1}{7} \div 21 \times 500$，所得结果为?

① 1　② $\frac{10}{3}$　③ 2　④ 441　⑤ 3

正确答案　①（解析见第 167 页）

*潜入：指秘密进入某个地方。

福努恩三兄弟，我很了解他们。三人当中除了一个正直不屈以外，其余二人都是想象力丰富，会习惯性地编一些不着边际的谎话。

问题是，我不知道他们三个中，哪个才是那个正直不屈的。

别哭了，慢慢说就是。你先说！

那些来路不明的敌人有几个？

我得来推理论证一番了。

应该有十个以上。

首先，他说的是假的。如果他说的是实话，那么……

应该不止一个人。

他说的也成了真的。

福努恩三兄弟中，不可能有两个人说真话，说真话的永远都只有一个人。如果是这样的话……

$\frac{5}{7}$ =0.714285714285……里第30位小数上的数字是（   ）。

正确答案　5（解析见第 167 页）

你、你是谁？

紧张

旁边小区的乞丐呀。

*讨饭：向别人乞讨饭食。

一个乞丐来这里干什么？

乞丐除了来讨饭*，还能是干什么呢？还请给我点剩菜剩饭吧！

剩菜剩饭都给家畜吃了。没有多的给乞丐。

既然这样，那我就先走了。

等等！

你乞讨时就用这种态度？既然是乞丐，就应该不断地求人才对呀！

我要是这样的话，你就给我剩菜剩饭吗？

不给。

既然如此，你说这么多干吗？搞笑呢？

不是剩菜剩饭……

而是给你最高级的料理，让你吃个够。一直到离开血泪之星那天为止。

但是，有一个条件！

怎么样了？

成功了。

他答应以后给我们提供一日三餐，而且都是最高级的料理。

真的？

最高级的料理？

嗯，说我很招他喜欢。

哈哈

奇怪，哆哆不可能会招人喜欢啊……

那我们是从今天开始就有好吃的吃了，对吧？

今天还不行……在这之前，还有个问题要解决。

什么问题？

是说往南走三个小时，会见到一片森林吧？

大步

大步

怎么这么阴森啊？

但是，有一个条件！

这么点小事儿，给你解决就是了！

 为了朋友们赌上性命的哆哆，结果会如何呢……

敬请期待《冒险岛数学奇遇记》第65册！

199 章-1

解析 数量是数目与分量的总称。数目是用能数的数（自然数）来表示的；分量指的是长度、面积、体积、重量等能够继续细分的事物大小，所以常用分数、小数等来表示。

199 章-2

解析 ①②④都与分数有关，③描述的数学场景与分数无关。

199 章-3

解析 在公制中，$\frac{1}{10}$ 的英语前缀为 "deci-"，$\frac{1}{100}$ 的为 "centi-"，$\frac{1}{1000}$ 为 "milli-"。我们会在 dm、cm、mm、dg、cg、mg、dL、cL、mL 等单位中见到。

199 章-4

解析 所有的分数都可以化成小数，但小数不一定都能化成分数，比如圆周率 π、$\sqrt{2}$ 的值 1.4142……。

200 章-1

解析 从小数点后第一位数开始比较，可得 0.0999 < 0.104。

200 章-2

解析 我们可以很快就知道①④⑤选项与 $\frac{2}{5}$ 是相等的。

②中的 $\frac{2}{5} = \frac{26}{65} = \frac{266}{665} = \frac{2666}{6665} = \frac{26666}{66665} = \cdots\cdots$，③中的 $\frac{2}{5} = \frac{32}{80} = \frac{332}{830} = \frac{3332}{8330} = \frac{33332}{83330} = \cdots\cdots$。

200 章-3

解析 "428571" 这六个数是会不断重复的。因为（100÷6=16……4），所以答案为它的第四个数 5。

第 200 章-4

[解析] 与 $\frac{2}{3}$ 相等的两个单位分数之和只有 $\frac{1}{2} + \frac{1}{6}$ 这一组。

第 201 章-1

[解析] 当分子大于或等于分母的时候，这个分数才是假分数。由于分子与分母相等，所以这个分数为假分数。

第 201 章-2

[解析] 带分数的形式为"自然数＋真分数"。由于⑤的分数部分是假分数，所以答案为它。

第 201 章-3

[解析] 选项②中 0.0123 的小数点后面有四位数，所以它是"四位小数"。

第 201 章-4

[解析] 根据十进制原理可得答案为 $\frac{1234}{10000}$。将式子里的分数都通分为分母是 10000 的分数，可得 $\frac{1000}{10000} + \frac{200}{10000} + \frac{30}{10000} + \frac{4}{10000} = \frac{1000+200+30+4}{10000} = \frac{1234}{10000}$。

第 202 章-1

[解析] 10 的约数有 1、2、5、10 这四个。1 的约数只有一个，但是 2 以上的自然数通常都有两个以上的约数，因为它们的约数至少都有 1 和它本身。

第 202 章-2

[解析] 一个数所有数位上的数字之和为 9 的倍数时，这个数才是 9 的倍数。选项①中的数字之和为 12，所以它不是 9 的倍数。

第 202 章-3

[解析] 由于 16=2×2×2×2，所以 1、2、2×2、2×2×2、2×2×2×2 这五个数都是 16 的约数。

解析 假设最大公约数为 G，则 $A=a \times G$、$B=b \times G$，且 a 与 b 的公约数只有 1，因此可得 $A \times B=a \times b \times G \times G=5400=a \times b \times 900$，$a \times b=6$。从而可找到数对 $\{a、b\}$ 为 $\{1、6\}$、$\{2、3\}$，又因为 A 和 B 两个数都比 50 大，所以 $A=30 \times 2=60$，$B=30 \times 3=90$。

解析 分母不为 0 且分子为 0 的分数等于 0。没有分母为 0 的分数。

解析 两个数的公约数只有 1 的时候才为互质数。选项①的公约数为 1、2；选项②的公约数为 1、3；选项③的公约数为 1、7；选项④的公约数为 1、3；选项⑤的公约数只有 1。

解析 因为选项①中的 $\frac{2}{2}=\frac{3}{3}$，所以 $\frac{2}{2}$ 与 $\frac{3}{3}$ 是大小相等的假分数。

解析 用分母与分子的最大公约数进行约分后的分数就是最简分数。最简分数里分母与分子的公约数只有 1，也就是说，分母与分子为互质数的分数就是最简分数。

解析 可得 $\frac{4}{5} \div \frac{8}{15} = \frac{4}{5} \times \frac{15}{8} = \frac{3}{2}$。

解析 由于选项①中的分母 $40=2 \times 2 \times 2 \times 5$，它的约数只有 2、5，由此可得 $\frac{1}{40}$ 为有限小数。剩下的选项中，分母的约数有 3、7，所以它们不是有限小数而是循环小数。

解析 $0.98 \div 3\frac{1}{3} \times \frac{1}{7} \div 21 \times 500 = \frac{98}{100} \times \frac{3}{10} \times \frac{1}{7} \times \frac{1}{21} \times 500 = \frac{49}{50} \times \frac{3}{10} \times \frac{1}{7} \times \frac{1}{7 \times 3} \times 500 = 1$。

解析 因为 $30 \div 6=5$，所以循环节"714285"的第 6 个数 5 就是第 30 位小数上的数字。

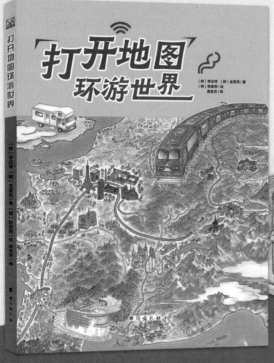